BEI GRIN MACHT SICH IHR WISSEN BEZAHLT

- Wir veröffentlichen Ihre Hausarbeit,
  Bachelor- und Masterarbeit

- Ihr eigenes eBook und Buch -
  weltweit in allen wichtigen Shops

- Verdienen Sie an jedem Verkauf

Jetzt bei www.GRIN.com hochladen
und kostenlos publizieren

GRIN ☺

Zahlensysteme – einfach umgerechnet. Eine Einführung in die Darstellung von Zahlen in verschiedenen Zahlensystemen

Mit Merkregeln für die Umrechnung

Otto Praxl

Bibliografische Information der Deutschen Nationalbibliothek:

Die Deutsche Nationalbibliothek verzeichnet diese Publikation in der Deutschen Nationalbibliografie; detaillierte bibliografische Daten sind im Internet über http://dnb.d-nb.de abrufbar.

ISBN: 9783668188433
Dieses Buch ist auch als E-Book erhältlich.

© GRIN Publishing GmbH
Trappentreustraße 1
80339 München

Druck und Bindung: Books on Demand GmbH, Norderstedt Germany
Gedruckt auf säurefreiem Papier aus verantwortungsvollen Quellen

Das vorliegende Werk wurde sorgfältig erarbeitet. Dennoch übernehmen Autoren und Verlag für die Richtigkeit von Angaben, Hinweisen, Links und Ratschlägen sowie eventuelle Druckfehler keine Haftung.

Das Buch bei GRIN: https://www.grin.com/document/319631

Otto Praxl

Zahlensysteme - einfach umgerechnet

Eine Einführung in die Darstellung von Zahlen in verschiedenen Zahlensystemen.
Mit Merkregeln für die Umrechnung.

$$1111_2 \quad = \quad 15$$
$$1111_3 \quad = \quad 40$$
$$1111_4 \quad = \quad 85$$
$$1111_5 \quad = \quad 156$$
$$1111_7 \quad = \quad 400$$
$$1111_8 \quad = \quad 585$$
$$1111_{10} \quad = 1111$$
$$1111_{16} \quad = 4369$$

Impressum des Verfassers

Verfasser:
Otto Praxl.

Internetseite:
www.praxelius.de

Urheberrecht:
Das Dokument unterliegt dem deutschen Urheberrecht.

Jede Verwertung außerhalb der gesetzlich zugelassenen Fälle bedarf einer vorherigen schriftlichen Vereinbarung mit dem Verfasser.

Alle Werknutzungsrechte liegen beim Verfasser. Alle Rechte vorbehalten!

Layout und Gestaltung (mit Microsoft WORD™ 2007):
Otto Praxl

Haftungsausschluss:
Im Text können auch Fehler enthalten sein. Für evtl. Fehler und daraus resultierende Nachteile übernimmt der Verfasser keine Haftung.

Bildnachweise:
Fotos und Zeichnungen stammen vom Verfasser.
Alle Rechte vorbehalten.

Letztes Bearbeitungsdatum: 28.03.2016
Bearbeitungskennzeichen: Z-41403-010
Anzahl der Wörter im Dokument: 6389

3

Inhaltsverzeichnis:

1. Einleitung

Zahlen dienen dazu, Mengen oder andere Größen durch Ziffern darzustellen. Schon in den alten Kulturen hatten die Menschen Ziffernzeichen und Zahlensysteme, die zur Aufschreibung, aber auch zum Rechnen geeignet waren.

Die Inder kannten schon im 8. Jahrhundert n. Chr. die Ziffern 1 bis 9 und die Null, die als kleiner Kreis dargestellt wurde. Dies ermöglichte die Stellenschreibweise. Mit den Arabern kamen diese Ziffern über Spanien nach Europa (**arabische Ziffern** genannt).

2. Zahlensysteme in Stellenschreibweise

Zahlensysteme in Stellenschreibweise wurden schon sehr früh erfunden. Sie sind nicht an bestimmte Ziffernzeichen gebunden. Die Römer und auch die Chinesen rechneten schon vor 2000 Jahren mit einem Rechenbrett, das auf dem Prinzip der Stellenschreibweise beruhte.

3. Der Abakus

Bild 1: Abakus

Dieses Rechenbrett hatte verschiedene Namen (Abakus, Suapan). Das Bild zeigt einen chinesischen Abakus in Messingausführung auf Marmorplatte, 80 × 45 mm groß.

Die Umrechnung einer Zahl in ein anderes Zahlensystem (Zahlenkonvertierung) ändert nichts am Zahlenwert, sondern gibt der Darstellung der Zahl nur eine andere Form.

Was bei der Umrechnung der Zahlen von einem Zahlensystem in ein anderes beachtet werden muss, wird im nachfolgenden Text beschrieben.

3.1. Die Stellenschreibweise

Eine Zahl wird durch Nebeneinanderschreiben von Ziffernzeichen dargestellt. Bei dieser **Stellenschreibweise** ist es von Bedeutung, welche Position die Ziffer innerhalb der Zahl hat. Der Stellenwert jeder Ziffer kann in Potenzschreibweise mit Zahlenbasis g und Exponent angegeben werden.

Dieser Sachverhalt ist mathematisch allgemein darstellbar als Polynom:

Formel 1: Polynom zur Darstellung der Stellenschreibweise

$$Z = z_n \cdot g^n + z_{n-1} \cdot g^{n-1} + \ldots + z_1 \cdot g^1 + z_0 \cdot g^0 + z_{-1} \cdot g^{-1} + \ldots + z_{-m} \cdot g^{-m}$$,

wobei die Koeffizienten z die Ziffern und g die Zahlenbasis (Grundzahl) bedeuten. Die unteren Indizes bei z bezeichnen die Positionen innerhalb der Zahl, die oberen Indizes bei g sind die Exponenten für die Stellenwerte der Zahlenbasis g. Dieses Polynom kann in mathematischer Kurzschreibweise auch als „Summe" angeschrieben werden:

Formel 2: Mathematische Kurzschreibweise des Polynoms

$$Z = \sum_{i=n}^{-m} z_i \cdot g^i$$

, wobei $n+1$ die Stellenanzahl vor dem Komma und m die Stellenanzahl nach dem Komma bedeuten.

Eine Zahl Z wird in Stellenschreibweise dargestellt, indem die Ziffern z_i in absteigender Reihenfolge des Index i von links nach rechts nebeneinandergeschrieben werden, wobei zwischen den Ziffern z_0 und z_{-1} ein Trennzeichen (ein Komma; im englischsprachigen Bereich ein Punkt) zu setzen ist, um den Übergang auf negative Exponenten zu kennzeichnen.

Dieses Prinzip der Zahlendarstellung durch Stellenschreibweise gilt für jedes beliebige Zahlensystem, nicht nur für das Dezimalsystem. Man nennt es g-adisches System, wobei für die Zahlenbasis g jede beliebige natürliche Zahl genommen werden kann.

3.2. Der Ziffernvorrat

Die Anzahl der für ein g-adisches System erforderlichen Ziffern beträgt g mit den Werten 0 bis $(g-1)$. Die Menge der verschiedenen Ziffern für ein g-adisches System nennt man Ziffernvorrat.

4. Das Dezimalsystem

Grundlage der Rechnungen des täglichen Lebens ist das **Dezimalsystem** (Zehnersystem), bei dem 10 verschiedene Ziffernzeichen erforderlich sind: 0, 1, 2, 3, 4, 5, 6, 7, 8, 9.

Dazu folgendes Beispiel:

Dezimalzahl 123,45 in Stellenschreibweise:

Tabelle 1: Darstellung einer Dezimalzahl mit Zehnerpotenzen

Stellenwert	10^2	10^1	10^0	10^{-1}	10^{-2}
Ziffernwert	1	2	3	4	5

Der Wert Z dieser dargestellten Zahl wird durch Summierung der Produkte aus Ziffernwert mal Stellenwert jeder Dezimalstelle berechnet:

$$Z = 1 \cdot 10^2 + 2 \cdot 10^1 + 3 \cdot 10^0 + 4 \cdot 10^{-1} + 5 \cdot 10^{-2} = 123,45$$

5. Das Horner-Schema

Bei der gezeigten Berechnung des Zahlenwertes Z eines Polynoms ist die Berechnung der Summanden durch Multiplikation von Ziffernwert mal Stellenwert erforderlich, bevor addiert werden kann. Die Zwischenspeicherung der vorher berechneten Summanden war bei den mechanischen Rechenmaschinen des 19. Jahrhunderts nicht möglich. Deshalb hat der Engländer *William George Horner* (1786-1837) das Polynom umgeformt, um mit dem jeweils vorher ermittelten Ergebnis ohne Zwischenspeicherung weiterrechnen zu können:

Formel 3: Durch Horner umgeformtes Polynom

$$Z = z_n \cdot g^n + z_{n-1} \cdot g^{n-1} + \ldots + z_1 \cdot g^1 + z_0 \cdot g^0 + z_{-1} \cdot g^{-1} + \ldots + z_{-m} \cdot g^{-m}$$

$$= \left(\left(\left(\left(z_n \cdot g + z_{n-1}\right) \cdot g + z_{n-2}\right) \cdot g + \ldots\right) \cdot g + z_{-m}\right) \cdot g^{-m}$$

Diese umgestellte Formel enthält nur Multiplikationen und Additionen, die nacheinander mit einer Rechenmaschine oder einem einfachen Taschenrechner ohne Speicherung von Zwischenergebnissen ausgeführt werden können.

Die Berechnung beginnt in der innersten Klammer. Mit dem in der Maschine aufgelaufenen Ergebnis kann im nächsten Schritt weitergerechnet werden. **Zuletzt wird mit dem vorkommenden kleinsten Stellenwert g^{-m} multipliziert.**

Zahlenbeispiel:

$$Z = 1 \cdot 10^2 + 2 \cdot 10^1 + 3 \cdot 10^0 + 4 \cdot 10^{-1} + 5 \cdot 10^{-2}$$
$$= (\,(\,(\,(\,1 \cdot 10 + 2\,) \cdot 10 + 3\,) \cdot 10 + 4\,) \cdot 10 + 5\,) \cdot 10^{-2}$$
$$= 12345 \cdot 10^{-2} = 123{,}45$$

Das von Horner für diese umgestellte Formel angegebene und nach ihm benannte Rechenschema (Horner-Schema) ist auch heute noch bei der Umrechnung von Zahlensystemen (und bei anderen mathematischen Rechnungen) eine große Hilfe. Es wird weiter unten ausführlich erläutert.

6. Zahlensysteme und ihre Darstellung

Für die Zahlenbasis g kann in der Polynomdarstellung der Zahlen jeder beliebige positive ganzzahlige Wert genommen werden.

Für $g = 1$ ergibt sich der einfachste Fall (Trivialfall), bei dem nur eine einzige Ziffer verwendet wird, die ein beliebiges Zeichen sein kann. Die Anzahl der nebeneinanderstehenden Zeichen ist der dargestellte Zahlenwert. Diese Darstellungsweise ist bei **Strichlisten** üblich, wo die Anzahl der Striche gezählt wird.

Das Zahlensystem mit $g = 2$ (Zweier- oder **Dualsystem**) ist in der Computertechnik sehr wichtig.

Das Achtersystem ($g = 8$, **Oktalsystem**) und das Sechzehnersystem ($g = 16$, Sedezimalsystem, auch als Hexadezimal-System bekannt, kurz **Hexa-System** genannt) werden für die Darstellung von Zahlen im Zusammenhang mit dem Dualsystem gerne angewandt, weil sich die Zahlen dieser Systeme besonders leicht ineinander umrechnen lassen.

Dualsystem, Oktalsystem und Hexasystem werden weiter unten behandelt.

Bei der Umrechnung von Zahlen kommen sehr leicht Verwechslungen vor, weil die verschiedenen Zahlensysteme gleiche Ziffern verwenden.

Deshalb sollten in Zweifelsfällen, oder wo es nicht eindeutig aus dem Zusammenhang erkennbar ist, alle Zahlen, die nicht als Dezimalzahlen gelten, die Basiszahl g als dezimalen Index erhalten, damit sie eindeutig einem Zahlensystem zugeordnet werden können.

Tabelle 2: Beispiele für die Zahlendarstellung in verschiedenen Systemen

Zahlentyp	Darstellung	Wert	Erläuterung
Dezimalzahl	11	Dezimalwert 11	kein Index, weil Dezimalzahl
Dualzahl	11_2	Dezimalwert 3	2 als Index für die Basis 2
Hexa-Zahl	11_{16}	Dezimalwert 17	16 als dezimaler Index für die Basis 16
Dezimalzahl	1111	Dezimalwert 1111	kein Index, weil Dezimalzahl
Dualzahl	1111_2	Dezimalwert 15	2 als Index für die Basis 2
Oktalzahl	1111_8	Dezimalwert 585	8 als Index für die Basis 8
Hexa-Zahl	1111_{16}	Dezimalwert 4369	16 als dezimaler Index für die Basis 16

Beispiel in Dezimal-, Hexa-, Oktal- und Binärdarstellung:

$4369 = 1111_{16} = 10421_8 = 1000100010001_2$.

Die wissenschaftlichen HP-Taschenrechner haben die Umrechnung der Zahlensysteme für $g = 2$ (dual), $g = 8$ (oktal), $g = 10$ (dezimal) und $g = 16$ (hexa) fest eingebaut.

7. Das Dualsystem

Im Dualsystem sind nur zwei Ziffern erforderlich: 0 und 1.

Für die daraus gebildeten Dualzahlen wird ebenfalls die Stellenschreibweise verwendet. Der Mathematiker *Gottfried Wilhelm Leibniz* (1646-1716) hat als Erster mit diesem System gerechnet und es veröffentlicht. Damals konnte sich jedoch niemand eine praktische Anwendung vorstellen.

Erst *Konrad Zuse* erkannte die Bedeutung des Dualsystems und entwickelte im Jahr 1934 einen Computer, bei dem Zahlen intern **binär**, also durch zwei eindeutig voneinander unterscheidbare Zustände (Spannung vorhanden/nicht vorhanden, ja/nein, Strom fließt oder fließt nicht) dargestellt werden. Erläuterungen zur Binärdarstellung folgen unter 10.1 auf Seite 15.

7.1. Berechnung des Dezimalwertes einer Dualzahl

7.1.1. Umständliche Methode (tabellarisch)

Die Berechnung des dezimalen Zahlenwertes einer Dualzahl als Polynom ist sehr aufwendig, weil Potenzen von 2 berechnet und addiert werden müssen.

Beispiel: Dualzahl 1011011_2 => Dezimalzahl

Tabelle 3: Darstellung einer Dualzahl mit Zweierpotenzen

Stellenwerte als Zweierpotenz	2^6	2^5	2^4	2^3	2^2	2^1	2^0
Stellenwerte als Dezimalzahl	64	32	16	8	4	2	1
Ziffernwerte der Dualzahl	**1**	**0**	**1**	**1**	**0**	**1**	**1**
Dezimale Werte der Stelle	$1 \cdot 64$	$0 \cdot 32$	$1 \cdot 16$	$1 \cdot 8$	$0 \cdot 4$	$1 \cdot 2$	$1 \cdot 1$
Summanden	64	0	16	8	0	2	1

Ergebnis: $1011011_2 = 64 + 0 + 16 + 8 + 0 + 2 + 1 = 91$.

Diese klassische Berechnung des Polynoms ist heute noch bei der Umrechnung von Dualzahlen in Schulen und Lehrbüchern üblich. Man muss den Wert mit Bleistift auf Papier berechnen.

Warum so kompliziert?

7.1.2. Einfache Methode

Mit dem Horner-Schema ist die Berechnung wesentlich einfacher. Der Dezimalwert wird ohne Tabelle der Stellenwerte und ohne Bildung von Summanden berechnet. Diese Berechnung ist gegenüber der klassischen Berechnung des Polynoms wesentlich einfacher, sie lässt sich sogar durch „Kopfrechnen" bewältigen, wenn man die Verdopplung einer Zahl im Kopf schafft.

Beispiel:

Dualzahl 1011011_2 => Dezimalzahl (*Ziffern der Dualzahl sind unterstrichen*)

Man beginnt bei der Dualzahl mit der ersten Ziffer links, nimmt diese mal 2, addiert die nächste Ziffer, nimmt das Ganze mal 2 und so fort.

$$\left[\left(\left(\left(\left(\left(\underline{1}\cdot 2+\underline{0}\right)\cdot 2+\underline{1}\right)\cdot 2+\underline{1}\right)\cdot 2+\underline{0}\right)\cdot 2+\underline{1}\right)\cdot 2+\underline{1}\right]\cdot 1=91.$$

Der ausgerechnete Klammerausdruck $[\ldots]$ muss mit dem Stellenwert der letzten Ziffer multipliziert werden: Hier ist dies der Wert 1, weil hier die Dualzahl keine Kommastellen hat und die letzte Ziffer die Einerstelle ist.

Bei Benutzung eines **Taschenrechners mit arithmetischer Notation** (zu erkennen an der Taste mit dem Gleichheitszeichen) werden die Klammern weggelassen und die Ziffern von links nach rechts, so wie sie dastehen, eingetippt. Man fängt also mit der am weitesten links stehenden **1** an.

Achtung: Bei der nachfolgenden Berechnung gilt ausnahmsweise nicht der bei Gleichungen übliche Vorrang der Multiplikation vor der Addition, weil hier die Reihenfolge (abwechselnd Multiplikation und Addition) wesentlich ist. Die Zifferntasten [0], [1] und [2] und die Funktionstasten ([+], [×]) sind auf dem Taschenrechner abwechselnd nacheinander zu betätigen.

Die unterstrichenen Ziffern sind die Dualziffern.

Für den Wert des obigen Klammerausdrucks [...] ergibt sich die Tastenfolge

[1] [×] [2] [+] **[0]** [×] [2] [+] **[1]** [×] [2] [+] **[1]** [×] [2] [+] **[0]** [×] [2] [+] **[1]** [×] [2] [+] **[1]** [=].

Nach dem Drücken der Taste [=] erscheint auf dem Taschenrechner das Ergebnis: 91.

Bei einem Taschenrechner mit „Umgekehrter Polnischer Notation (UPN)" (auch als „RPN" bekannt) sieht die Tastenfolge so aus:

[1] [ENTER] [2][×] **[0]**[+] [2][×] **[1]**[+] [2][×] **[1]**[+] [2][×] **[0]**[+] [2][×] **[1]**[+] [2][×] **[1]**[+].

Nach dem Drücken der [×]- bzw. [+]-Taste erscheint das jeweilige Zwischenergebnis. Dieses steht für die weitere Rechnung zur Verfügung. Nach dem Drücken der letzten Taste [+] steht das Ergebnis im Anzeigefeld.

7.1.3. Merkregel für das Arbeiten mit dem Horner-Schema

Die nachstehende Merkregel für die Anwendung des Horner-Schemas erlaubt eine übersichtliche Aufschreibung mit Zwischenergebnissen:

Merkregel für Horner-Schema

1. Zuerst wird die Dualzahl auseinandergezogen hingeschrieben (siehe nachfolgende Darstellung mit Zahlenbeispiel).
2. Die Berechnung beginnt links mit der ersten Dualziffer, diese wird mit der Basiszahl des Dualsystems $g = 2$ multipliziert.
3. Dann erfolgt die Addition der zweiten Dualziffer.
4. Die Zwischensumme wird wieder mit 2 multipliziert.
5. Dann wird die nächste Dualziffer addiert.
6. Ab jetzt wiederholt sich der Vorgang ab dem 4. Schritt, bis nach der Addition der letzten Dualziffer das Endergebnis feststeht.

Bild 2: Zahlenbeispiel: **Dualzahl 1011011₂ => Dezimalzahl**

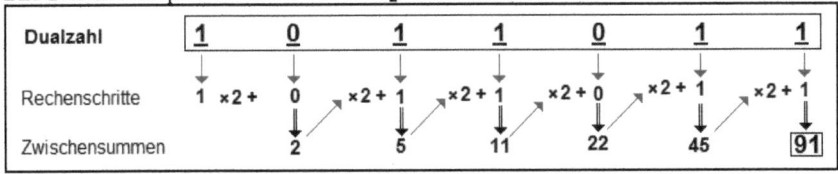

Die Dezimalzahl 91 ist das Ergebnis der letzten Addition. **Dieses Ergebnis muss noch mit dem Stellenwert der letzten Ziffer multipliziert werden.** Hier im Beispiel ist der Stellenwert 1, also entfällt dieser Abschlussschritt ausnahmsweise.

Diese ausführlich gezeigte Darstellung des Horner-Schemas ist in der Praxis sehr einfach auszuführen:

Beispiel: Dualzahl wie vor 1011011_2:

Jede Multiplikation mit 2 bzw. jede Addition verwendet das vorher errechnete Zwischenergebnis zur Weiterrechnung, in den (überflüssigen) Klammern sieht man dies sehr deutlich:

$$((((((((((\mathbf{1} \cdot 2) + \mathbf{0}) \cdot 2) + \mathbf{1}) \cdot 2) + \mathbf{1}) \cdot 2) + \mathbf{0}) \cdot 2) + \mathbf{1}) \cdot 2) + \mathbf{1} = 91.$$

Nachfolgend noch die Darstellung der Berechnung ohne Klammern:

Von links nach rechts berechnet (ohne Vorrang der Multiplikation nacheinander in einen algebraischen Taschenrechner eingetippt):

$$\mathbf{1} \, (\times 2) + \mathbf{0} \, (\times 2) + \mathbf{1} \, (\times 2) + \mathbf{1} \, (\times 2) + \mathbf{0} \, (\times 2) + \mathbf{1} \, (\times 2) + \mathbf{1} = 91.$$

7.1.4. Anwendung des Horner-Schemas für „gebrochene" Dualzahlen

Das Horner-Schema ist auch für die Umrechnung „gebrochener" Dualzahlen (mit Kommastellen) geeignet. Hier muss darauf geachtet werden, dass zum Schluss noch mit dem kleinsten Stellenwert multipliziert wird.

Beispiel: Dualziffern wie vor, jedoch mit Komma $10110{,}11_2$:

Der Wert der Dualzahl, der sich ohne Berücksichtigung des Kommas ergibt (= 91), muss noch mit dem Stellenwert der letzten Stelle, also mit 2^{-2} = 0,25 multipliziert werden:
Ergebnis: 91 · 0,25 = 22,75

Auf eine ausführliche Darstellung wird hier aus Platzgründen verzichtet.

7.2. Dezimalzahl in Dualzahl umrechnen

7.2.1. Ausführliches Schema

Um aus einer Dezimalzahl eine Dualzahl zu erhalten, wird das Horner-Schema in der umgekehrten Reihenfolge verwendet. Dabei wird die Dezimalzahl wiederholt durch 2 geteilt und der Rest abgespalten.

Merkregel:

1. Ganzzahlige Dezimalzahl rechts hinschreiben;
2. Diese Zahl durch 2 teilen, vom Ergebnis Kommastellen wegstreichen und **immer** auf eine ganze Zahl **ab**runden;
3. Diese ganze Zahl links mit etwas Abstand neben die vorherige Zahl schreiben;
4. Vorgang ab 2. mit der nach 3. berechneten Zahl wiederholen, bis links die Zahl 1 erreicht ist;

5. dann unter die geraden Zahlen eine 0 und unter die ungeraden Zahlen eine 1 schreiben.
6. Die Reihe der Einsen und Nullen ist die gesuchte Dualzahl.

Bild 3: Zahlenbeispiel: **Dezimalzahl 91 => Dualzahl**

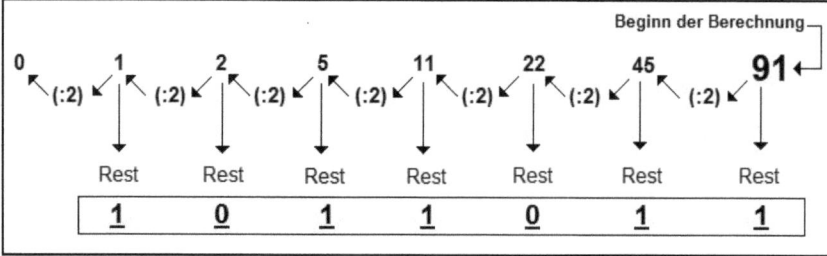

Ausführlich kommentierter Berechnungsgang:
91 geteilt durch 2 ist 45, Rest **1,**
45 geteilt durch 2 ist 22, Rest **1,**
22 geteilt durch 2 ist 11, Rest **0,**
11 geteilt durch 2 ist 5, Rest **1,**
5 geteilt durch 2 ist 2, Rest **1,**
2 geteilt durch 2 ist 1, Rest **0,**
1 geteilt durch 2 ist 0, Rest **1.**

7.2.2. Vereinfachtes Schema

Den in 7.2.1 ausführlich dargestellten Vorgang kann man vereinfachen. Beim vereinfachten Schema schreibt man unter die auf eine ganze Zahl abgerundeten Halbierungsergebnisse der ersten Zeile eine 1, wenn es sich um eine ungerade Zahl und eine 0, wenn es sich um eine gerade Zahl handelt. Diese Einsen und Nullen bilden bereits die gesuchte Dualzahl.

Beispiel: Dezimalzahl 91

Die umzurechnende Dezimalzahl **91** steht rechts in der ersten Reihe.

Jede Zahl links vom Pfeil ist die abgerundete Hälfte der rechts vom Pfeil stehenden Zahl.

Ist die Zahl **gerade**, wird eine Null **0**, ist sie **ungerade**, wird eine Eins **1** daruntergeschrieben. Dies sind die Reste, die bei der Division durch 2 entstehen.

Die nebeneinanderstehenden Reste bilden die gesuchte Dualzahl.

Tabelle 4: Dualzahl aus tabellarischer Darstellung von rechts nach links

1	<= 2	<= 5	<= 11	<= 22	<= 45	<= 91	<= **Beginn**
1	**0**	**1**	**1**	**0**	**1**	**1**	Reste (= Dualzahl)

Fertig ist die Dualzahl: **91** = 1011011_2

8. Oktalzahlen und Sedezimalzahlen

Eine längere Dualzahl kann man sich schlecht merken. Die Binärdarstellungen von Dualzahlen im Computer, die sogenannten Bitmuster, werden deshalb auf dem Bildschirm für den menschlichen Leser meist in Oktal- oder Sedezimal-Darstellung gezeigt, weil sie so vom Auge leichter aufgenommen werden können:

Oktalsystem (lat.: *octo* = 8) mit der Zahlenbasis g = 8 oder

Sedezimalsystem (lat.: *sedecim* = 16) mit der Zahlenbasis g = 16 dargestellt.

Diese Zahlendarstellungen haben wesentlich weniger Stellen als die Dualdarstellung.

Man nennt die Sedezimalzahlen auch **Hexadezimalzahlen** oder kurz **Hexazahlen**. Das ist sprachlich nicht richtig, weil griechische und lateinische Bezeichnungen gemischt werden: Griechisch: *hex* = 6, lat.: *decim* = 10, also auch 6 + 10 = 16).

8.1. Merkregel zur Darstellung

1. Um eine Dualzahl in oktaler oder sedezimaler Form darzustellen, wird sie von rechts her in Dreier- (2^3 = oktal) bzw. Vierergruppen (2^4 = sedezimal) aufgeteilt.

2. Diese Gruppen zu drei bzw. vier Dualziffern werden in Dezimalzahlen umgerechnet (nach Horner), die die Ziffernwerte des Oktal- bzw. Sedezimalsystems ergeben.

3. Der geübte Leser kann die Dreier- und Vierergruppen der Einsen bereits auswendig hinschreiben! Wenn nicht, sollte er dies anstreben. Er sollte Tabelle 5 aus dem Gedächtnis ohne Vorlage erstellen können.

Die folgenden zwei tabellarischen Darstellungen zeigen diesen Zusammenhang.

Tabelle 5: Oktalsystem und Sedezimalsystem

Oktalsystem			Sedezimalsystem (Hexadezimalsystem)					
Ziffer	Wert	Dreier-gruppe	Ziffer	Wert	Vierer-gruppe	Ziffer	Wert	Vierer-gruppe
0	0	000	0	0	0000	8	8	1000
1	1	001	1	1	0001	9	9	1001
2	2	010	2	2	0010	A	10	1010
3	3	011	3	3	0011	B	11	1011
4	4	100	4	4	0100	C	12	1100
5	5	101	5	5	0101	D	13	1101
6	6	110	6	6	0110	E	14	1110
7	7	111	7	7	0111	F	15	1111

Beim Oktalsystem sind Ziffer und Ziffernwert der 8 Ziffern 0 bis 7 identisch. Beim Sedezimalsystem sind 16 Ziffernzeichen mit den Ziffernwerten 0 bis 15 erforderlich. Die beim Dezimalsystem vorhandenen Ziffernzeichen 0 bis 9 reichen dafür nicht aus, deshalb werden noch die ersten sechs Buchstaben des Alphabets hinzugenommen (Groß- oder Kleinbuchstaben). Die entsprechenden Ziffernwerte 10 bis 15 sind den Buchstaben A bis F (oder a bis f) zugeordnet. Sie sind im rechten Teil der Sedezimaltabelle zu sehen.

8.2. Umwandlung Dual - Oktal - Hexa

Folgende Zahlenbeispiele zeigen die **Umwandlung** der Zahlendarstellung von Dualzahlen in Oktal- und Sedezimalzahlen. Von einer „Umrechnung" kann man nicht mehr sprechen, weil kaum etwas gerechnet wird. Man verwendet die oben gezeigte Gruppierung der Einsen.

8.2.1. Umwandlung Dualzahl <==> Oktalzahl

Beispiel: gegeben: Dualzahl mit 16 Stellen: 1101011100011111_2

Die Dualzahl wird in 3-er-Gruppen geteilt: $(00)1\ 101\ 011\ 100\ 011\ 111_2$, die Gruppen sind die Oktalziffern nach obiger Tabelle, daraus ergeben sich die Ziffern der Oktalzahl 153437_8.

Diese Dualzahl wurde links durch zwei Nullen ergänzt, damit die linke Dreiergruppe komplett ist. Das Ergebnis der Umwandlung ist eine Oktalzahl 153437_8, die nur 6 Stellen hat (Dezimalwert = 55071).

8.2.2. Umwandlung Dualzahl <==> Sedezimalzahl

Wird obige Dualzahl in eine Sedezimalzahl umgewandelt, so hat diese nur mehr 4 Stellen.

Beispiel: gegeben: Dualzahl (wie oben) mit 16 Stellen: 1101011100011111_2

Die Dualzahl wird in 4-er-Gruppen geteilt: $1101\ 0111\ 0001\ 1111_2$, für diese Gruppen sind die Sedezimalziffern nach obiger Tabelle zu schreiben, daraus ergibt sich die Sedezimalzahl $D71F_{16}$.

8.3. Oktal- und Sedezimal in Dezimal umrechnen

Nicht nur bei der Umrechnung von Dualzahlen, sondern auch von Oktal- und Sedezimalzahlen ins Dezimalsystem ist das Horner-Schema sehr hilfreich. Anstelle der Multiplikation mit 2 (Basis des Dualsystems) wird beim Oktalsystem mit 8 (Basis des Oktalsystems) und beim Sedezimalsystem mit 16 multipliziert. Das Schema der abwechselnden Multiplikationen und Additionen bleibt gleich.

8.3.1. Oktalzahl in Dezimalzahl umrechnen

Beispiel: Oktalzahl 153437_8 => Dezimalzahl (*Ziffern der Oktalzahl sind unterstrichen*)

$$(\,(\,(\,(\,(\,(\,(\,(\,(\,\underline{1}\cdot 8\,)+\underline{5}\,)\cdot 8\,)+\underline{3}\,)\cdot 8\,)+\underline{4}\,)\cdot 8\,)+\underline{3}\,)\cdot 8\,)+\underline{7}\,)\cdot 1 = 55071$$

Per Kopfrechnen oder mit dem Taschenrechner (arithmetische Notation, ohne Vorrang der Multiplikation):

$$\underline{1}\times 8 + \underline{5}\times 8 + \underline{3}\times 8 + \underline{4}\times 8 + \underline{3}\times 8 + \underline{7}\times 1 = 55071$$

Die letzte Multiplikation mit dem kleinsten Stellenwert (hier $8^0 = 1$) darf nicht vergessen werden. In diesem Fall ist es die Zahl 1, trotzdem sollte man sich angewöhnen, den letzten Schritt nicht wegzulassen.

8.3.2. Sedezimalzahl in Dezimalzahl umrechnen

Beispiel: Sedezimalzahl $D71F_{16}$ => Dezimalzahl
(*Ziffern der Sedezimalzahl sind unterstrichen*)

Da man nicht mit Buchstaben rechnen kann, müssen vor der Verwendung des Horner-Schemas die entsprechenden Ziffernwerte der Sedezimalziffern angeschrieben werden.

Tabelle 6: Hexaziffern => dezimale Ziffernwerte

Ziffer	**D**	**7**	**1**	**F**
Ziffernwert	**13**	**7**	**1**	**15**

Berechnung: $(\,(\,(\,(\,\underline{13}\cdot 16\,)+\underline{7}\,)\cdot 16 +\underline{1}\,)\cdot 16 + \underline{15}\,)\cdot 1 = 55071$

Mit dem Taschenrechner oder im Kopf (ohne Vorrang der Multiplikation):

$$\underline{13}\times 16 + \underline{7}\times 16 + \underline{1}\times 16 + \underline{15}\times 1 = 55071\,.$$

9. Dezimalzahl in beliebiges Zahlensystem umrechnen

Jede Dezimalzahl kann nach dem umgekehrten Horner-Schema direkt in eine Zahl eines beliebigen Zahlensystems umgerechnet werden. Leider ist es nicht so einfach wie beim Dualsystem, bei dem nur die Reste 0 oder 1 abgespalten werden müssen.

Hier müssen die Reste berechnet werden, was zwar einen Rechenvorgang mehr erfordert, aber auch schematisch durchgeführt werden kann. Dies führt zu einer Merkregel, die für alle Zahlensysteme gilt:

9.1. Merkregel

zur Umrechnung einer Dezimalzahl in eine Zahl des Zahlensystems mit der Basis g:

1. Dezimalzahl rechts hinschreiben;
2. Zahl durch die Zahlenbasis g des Zahlensystems teilen;
3. Ganzzahligen Anteil des Quotienten links neben die vorherige Zahl schreiben;
4. Dezimalteil (Kommastellen) des Quotienten mit g multiplizieren, dieses Produkt ist der gesuchte Rest, dieser wird unter die Zahl geschrieben;
5. Vorgang ab Schritt 2 mit der in Schritt 3 ermittelten Zahl wiederholen, bis links die Zahl kleiner als g ist;
6. Die nach Schritt 4 berechneten Reste sind die Ziffernwerte des Zahlensystems g, für die nötigenfalls (bei $g > 10$) die Ziffernzeichen hinzuschreiben sind.

Beispiel: Dezimalzahl 55071 => Sedezimalzahl
(Ziffern der Sedezimalzahl sind unterstrichen)
Berechnungsrichtung von rechts nach links, jeweils durch 16 geteilt.

Tabelle 7: Umrechnung einer Dezimalzahl in eine Sedezimalzahl

Zahlenreihe		(0)	13	215	3441	55071
Divisor g =			16	16	16	16
Reste = dezimale Ziffernwerte			13	7	1	15
Zugehörige Ziffernzeichen			**D**	**7**	**1**	**F**

Ergebnis: Sedezimalzahl **D71F**$_{16}$

Die Berechnung noch einmal ausführlich.

Die modulo-Funktion (**mod**) berechnet den Rest aus der ganzzahligen Division beider Zahlen, (siehe auch https://de.wikipedia.org/wiki/Division_mit_Rest#Modulo):

55071: 16 = **3441**; Rest = (55071 **mod** 16) = 15 (**F**)
3441 : 16 = **215**; Rest = (3441 **mod** 16) = 1 (**1**)
215 : 16 = **13**; Rest (215 **mod** 16) = 7 (**7**)
13 < g , also Rest = (13 **mod** 16) = 13 (**D**).
Ergebnis: **D71F**$_{16}$.

10. Zahlendarstellung in Computersystemen

10.1. Binärdarstellung

Das mathematische **Dualsystem** arbeitet nur mit den Ziffern 0 und 1.

In technischen Systemen lassen sich jedoch keine Ziffern, auch nicht 0 und 1, sondern nur physikalische Schaltzustände darstellen, die man **binär**, also durch zwei eindeutig voneinander unterscheidbare physikalische Zustände (Spannung vorhanden/nicht vorhanden, Licht ein/Licht aus) darstellt (**Binärsystem**).

Zur Unterscheidung von der mathematischen Betrachtungsweise der Zahlendarstellung im Dualsystem spricht man bei der Darstellung von Dualzahlen im Computer von **Binärdarstellung**.

Eine Stelle einer im Rechner binär dargestellten Dualzahl ist eine **Binärziffer**. Dafür hat sich die Abkürzung **Bit** (aus dem Englischen: *Binary digit*) durchgesetzt. Ein Bit kann *gesetzt* sein (Bitwert = 1) oder *nicht gesetzt* sein (Bitwert = 0).

Binärdarstellung und Darstellung im Dualsystem können als gleichbedeutend angesehen werden mit dem Unterschied, dass bei der dualen Darstellung nur die Ziffern 1 und 0 als Werte verwendet werden, während bei der binären Darstellung zwei eindeutig voneinander unterscheidbare Zustände wesentlich sind, unter anderen also auch 1 und 0.

Unterschiede ergeben sich bei **negativen Binärzahlen**, die durch ein eigenes Bit dargestellt werden müssen (siehe unter 12.2 auf Seite 20).

10.2. Bitmuster

Eine Binärzahl mit *n* Bits nennt man auch Bitmuster, weil sie auch als Aufreihung von Lämpchen verstanden werden kann.

Eine Dualzahl, z. B. **01100011**, kann rechnerintern nur durch nebeneinanderliegende Schaltglieder, Speicherstellen oder Leitungen dargestellt werden. Stellt man diese Zustände als Kreise dar, dann sieht man ein Muster von vollen und leeren Kreisen, für unsere obige Dualzahl ergibt sich das binäre Muster: $\boxed{\circ\,\bullet\,\bullet\,\circ\,\circ\,\circ\,\bullet\,\bullet}$, wobei der volle Kreis ein „gesetztes" Bit (Bitwert 1) und ein leerer Kreis ein „nicht gesetztes" Bit (Bitwert 0) bedeuten.

Allgemein nennt man eine solche Reihe von Binärziffern **Bitmuster**.

10.3. Angaben von Speichergrößen

Ein Bitmuster mit 8 Bits (Stellen) nennt man **Byte**. In Byte werden auch die Speichergrößen angegeben:

1 Kilobyte	[kB]	=	1024 Byte.
1 Megabyte	[MB]	= 1024 kB = 1024 × 1024 =	1048576 Byte.
1 Gigabyte	[GB]	= 1024 MB = 1024 × 1048576 =	1073741824 Byte.
1 Terabyte	[TB]	= 1024 GB = 1024 × 1073741824 =	1099511627776 Byte.

10.4. Wortlänge einer Binärzahl

Je nach Bauart der Computer-Hardware gibt es Speicherelemente (Register, Speicherzellen) mit 8, 16, 32 oder 64 Bit. Man spricht dann von 8-Bit-, 16-Bit-, 32-Bit- oder 64-Bit-Systemen.

Die Anzahl n der Bits gibt an, wieviel Stellen die gespeicherte Dualzahl der Zahlenbasis $g = 2$ maximal hat. n ist die Wortlänge oder Wortbreite einer Speicherzelle oder eines Registers.

Mit n Bits kann man binär den Zahlenbereich der natürlichen Zahlen von 0 bis (2^n-1) abdecken.

Tabelle 8: Darstellbare Zahlenbereiche mit n Bits

n = Anzahl der Bits	darstellbarer Zahlenbereich = 0 bis (2^n-1)	Sedezimaldarstellung
8	0 bis 255	0 bis FF
16	0 bis 65535	0 bis FFFF
32	0 bis 4294967295	0 bis FFFFFFFF
64	0 bis 18446744073709551615	0 bis FFFFFFFFFFFFFFFF

10.5. Bedeutung der Binärzahlen im Computer

10.5.1. Bitmuster zur Zahlendarstellung

Binärdarstellung und Darstellung im Dualsystem können als gleichbedeutend angesehen werden mit dem Unterschied, dass bei der dualen Darstellung nur die Ziffern 1 und 0 als Werte verwendet werden, während bei der binären Darstellung zwei eindeutig voneinander unterscheidbare Zustände (Schalter ein/aus, Strom fließt/fließt nicht, voller/leerer Kreis) wesentlich sind.

Bitmuster werden zur internen Zahlendarstellung in Computern verwendet. Dabei stellen sie Binärzahlen dar. Für den Menschen lesbar gemacht werden sie durch entsprechende Umwandlung in Octal-, Sedezimal- oder Dezimalzahlen mit den entsprechenden Ziffern auf den Ausgabegeräten (Bildschirm, Drucker).

10.5.2. Bitmuster als logische Signale

Binäre (logische) Zustände einzelner Signale werden als Einzel-Bits aus Bitmustern ausgelesen und durch Leuchten bzw. Nichtleuchten von Signallämpchen oder Ertönen bzw. Nichtertönen von akustischen Signalen der Außenwelt kundgetan.

10.5.3. Bitmuster als Speicheradresse

Speicheradressen im Computer müssen nummeriert sein, damit darauf zugegriffen werden kann. Hierbei wird der bei n Bit zur Verfügung stehende Adressraum voll ausgenützt.

Jede Speicherzelle, jedes Gerät (engl.: device code) und jede Kommunikationsleitung hat eine binäre Nummer.

10.5.4. Bitmuster als Programmcode

Die Bitmuster sind im Programmcode entweder Registerinhalte, also arithmetische Zahlen, Speicheradressen oder sogenannte Zeiger (engl.: pointer), die eine Adresse angeben, von der aus die Adressen berechnet werden.

17

10.5.5. *Bitmuster zur Textdarstellung: Der ASCII-Code*

Bitmuster mit 8 Bit werden zur Codierung von Schriftzeichen verwendet. Dabei wird jedem Zeichen eine Nummer zwischen 0 und bis 255 zugeordnet.

Der bekannteste und gebräuchlichste Zeichencode ist der 8-Bit-ASCII-Code.

Der **ASCII-Code** (American Standard Code for Information Interchange) war ursprünglich ein 7-Bit-Code, der die Codierung von 128 Zeichen (= 2^7) erlaubt. Er erlaubt nicht nur die Codierung der Zeichen, sondern dient auch zur Steuerung des Datenverkehrs (Steuerzeichen). Er hat in der erweiterten 8-Bit-Darstellung mit 256 Codiermöglichkeiten (= 2^8) eine weltweite Verbreitung in der Computertechnik und im Internetverkehr gefunden. Deshalb wird er hier etwas ausführlicher beschrieben.

Die international gebräuchlichen Zeichen sind den Nummern (Codes) 0 bis 127 zugeordnet. Die Codes 128 bis 255 erweitern den ASCII-Code auf 8 Bit, sie können je nach System und Land unterschiedlich (landesspezifisch) belegt sein. Dort sind auch die deutschen Umlaute zu finden. Für den Internetverkehr haben sich weltweit genormte ISO-Zeichensätze auf der Basis des 8-Bit-ASCII-Codes durchgesetzt.

Den einzelnen sich aus den Bitmustern ergebenden Dualzahlen wurden die Zeichen eines Zeichensatzes (character set) zugeordnet. Die Zeichen werden im englischen Sprachraum auch „characters" genannt. Die Festlegung dieser Zuordnung war rein willkürlich, aber doch so klug, dass man die natürliche Reihenfolge der Ziffern und der Zeichen im Alphabet beibehielt.

Die ersten 32 Codes (00 bis 31) wurden den Steuerzeichen zugeordnet. Code 32 ist das Leerzeichen (SP = space). Die Codes 48 bis 57 werden mit den Ziffern 0 bis 9 belegt, die Codes 65 bis 90 sind den Großbuchstaben vorbehalten und die Codes 97 bis 122 den Kleinbuchstaben.

Zwischen Groß- und Kleinbuchstaben ergibt sich daraus eine feste Differenz von 32. Die Sonderzeichen (Interpunktionszeichen, Klammern, mathematische Zeichen) sind dazwischen angeordnet.

Die nachfolgende Tabelle wurde per Computerprogramm erzeugt und zeigt die auf dem Rechner momentan gültige ASCII-Codierung. Diese ist abhängig vom Zeichensatz, den das Betriebssystem für den Verkehr mit der **Peripherie** gerade benutzt (Codepage). Peripherie nennt man die Geräte, die eine Kommunikation des Computers mit der Außenwelt ermöglichen (Bildschirme, Drucker, Tastaturen, Grafikgeräte, Magnetbandstationen, Plotter, Multimediageräte, usw.).

Die Codepages sind international festgelegt und nummeriert. Sie sind auf dem Computer voreingestellt oder der Computer wählt bei Bedarf die passende selbst aus.

In der Tabelle ergibt sich die Code-Nummer eines Zeichens aus der Addition der Zahl, die in der linken Spalte der Tabelle in der jeweiligen Zeile angegeben ist und der Zahl, die sich über der Spalte mit dem gewünschten Zeichen befindet.

Das oben gezeigte Bitmuster ⬚ hat als Dualzahl **01100011** den Wert **99** (= 96 + 3) und ist dem ASCII-Zeichen „c" zugeordnet.

Der obere Teil der Tabelle ist international einheitlich, der untere Teil kann länderspezifisch unterschiedlich belegt sein. Im unteren Teil der Tabelle treten bei mehreren Codes Lücken oder gleiche Zeichen auf (Codes 129, 141, 143, 144 und 157).

Dies ist ein Hinweis dafür, dass diese Codenummern nicht mit einem im aktuellen Betriebssystem oder auf einem Ausgabegerät druckbaren Zeichen belegt sind.

Man nennt diese mehrfach vorkommenden Zeichen „Schmierzeichen", weil sie auf dem Ausgabegerät nicht definiert sind. Manchmal ist die entsprechende Tabellenzeile „verworfen"
sind, weil die Platzhalter für die Schmierzeichen die übliche Zeichenbreite überschreiten.

```
Aktuelle 8-Bit-ASCII-CODE-Darstellung
|-----|-------------------------------------------------------------|
|Code +  0   1   2   3   4   5   6   7   8   9  10  11  12  13  14  15 |
|-----|-------------------------------------------------------------|
|   0 | NUL SOH STX ETX EOT ENQ ACK BEL  BS  HT  LF  VT  FF  CR  SO  SI |
|  16 | DLE DC1 DC2 DC3 DC4 NAK SYN ETB CAN  EM SUB ESC  FS  GS  RS  US |
|  32 |  SP  !   "   #   $   %   &   '   (   )   *   +   ,   -   .   /  |
|  48 |  0   1   2   3   4   5   6   7   8   9   :   ;   <   =   >   ?  |
|  64 |  @   A   B   C   D   E   F   G   H   I   J   K   L   M   N   O  |
|  80 |  P   Q   R   S   T   U   V   W   X   Y   Z   [   \   ]   ^   _  |
|  96 |  `   a   b   c   d   e   f   g   h   i   j   k   l   m   n   o  |
| 112 |  p   q   r   s   t   u   v   w   x   y   z   {   |   }   ~  DEL |
|-----|-------------------------------------------------------------|
| 128 |  €   □   '   ƒ   "   …   †   ‡   ^   ‰   Š   <   Œ   □   Ž   □ |
| 144 |  □   '   '   "   "   •   –   —   ˜   ™   š   >   œ   □   ž   Ÿ |
| 160 |      ¡   ¢   £   ¤   ¥   ¦   §   ¨   ©   ª   «   ¬   -   ®   ‾ |
| 176 |  °   ±   ²   ³   ´   µ   ¶   ·   ¸   ¹   º   »   ¼   ½   ¾   ¿ |
| 192 |  À   Á   Â   Ã   Ä   Å   Æ   Ç   È   É   Ê   Ë   Ì   Í   Î   Ï |
| 208 |  Ð   Ñ   Ò   Ó   Ô   Õ   Ö   ×   Ø   Ù   Ú   Û   Ü   Ý   Þ   ß |
| 224 |  à   á   â   ã   ä   å   æ   ç   è   é   ê   ë   ì   í   î   ï |
| 240 |  ð   ñ   ò   ó   ô   õ   ö   ÷   ø   ù   ú   û   ü   ý   þ   ÿ |
|-----|-------------------------------------------------------------|
```

Die Code-Nummern 00 bis 31 sind den Steuerzeichen vorbehalten. Steuerzeichen dienen zur
Steuerung der Peripherie oder zur gegenseitigen Verständigung (Handshaking-Signale) zwischen zwei Datenendgeräten beim seriellen Datenaustausch über ein **Modem**.

Das Wort „Modem" ist die Zusammenziehung der Wörter „**MO**dulieren" und „**DE**Modulieren". Ein Modem setzt die zu übertragende binäre Information in Töne um (modulieren), die
über Telefonleitung übertragen werden können. Außerdem interpretiert es die Steuerzeichen
und steuert damit zusammen mit dem Modem der Gegenstelle den Datenfluss. Das Modem
der Gegenstelle setzt die Töne wieder in die ursprüngliche binäre Information um (demodulie-
ren).

Die Steuerzeichen selbst lösen bei der Datenübertragung eine Aktion aus, sind aber nicht
druckbar und folglich in der Tabelle auch nicht darstellbar. Die in der Tabelle dafür angege-
benen Kurzzeichen bezeichnen die international festgelegten Namen der Steuerzeichen.

Beispiele:

- STX (Code 02) bedeutet „start of text".
- ETX (Code 03) bedeutet „end of text".
- BEL (Code 07) entlockt dem Drucker oder dem Bildschirm ein akustisches Signal.
- LF (Line Feed, Code 10) ist der Zeilenvorschub.
- FF (Form Feed, Code 12) ist der Seitenvorschub.
- CR (Carriage Return, Code 13) ist auf der (Fern-)Schreibmaschine der Wagenrück-
  lauf. Allgemein wird damit das Ende eines Datensatzes angezeigt. Am Eingabetermi-
  nal ist die CR-Taste meist größer und mit ENTER oder CR oder ↵ beschriftet. Die-
  se Taste bewirkt meist auch einen Zeilenvorschub, also CR+LF.
- DEL (Code 127) wird bei manuellen Eingaben über die Tastatur benutzt und bewirkt
  die Löschung des zuletzt eingegebenen Zeichens. Die entsprechende Taste wird als
  Rücktaste bezeichnet und ist meist mit ← beschriftet.

11. Zahlensysteme mit hoher Zahlenbasis

11.1.   Ziffernvorrat

Ein Zahlensystem mit der Zahlenbasis g hat einen Ziffernvorrat von g Ziffern mit den Werten von 0 bis (g-1).

Hat man bis zum Sedezimalsystem, also bei $g \leq 16$, noch für jede Ziffer ein eigenes Ziffernzeichen definiert, so ist dies bei höherer Zahlenbasis g nicht mehr zweckmäßig.

Bei $g > 16$ verwendet man die Dezimalwerte der Ziffern und setzt sie mit einem Punkt dazwischen nebeneinander, z. B. die Zahl **45.34.55.63** im 64er-System hat (mit dem Horner-Schema berechnet) den dezimalen Wert $((45 \cdot 64+34) \cdot 64+55) \cdot 64+63 = 11939327$. Zur Klarheit sollte man die Zahlenbasis als Index dazuschreiben, z. B. **45.34.55.63**$_{64}$.

11.2.   Das 256er-System

In einem 256er-System ($g = 256$) kann jede Stelle die Werte 0 bis 255 annehmen.

Eine 4-stellige Zahl im 256er-System kann den Zahlenbereich **0.0.0.0** bis **255.255.255.255** abdecken, der auch mit 0 bis 256^4-1 = 0 bis $[(2^8)^4$ -1$]$ = 0 bis $(2^{32}$ -1$)$ = 0 bis 4294967295 angegeben werden kann.

Mit vierstelligen Zahlen des 256er-Systems werden IP-Adressen im Internet dargestellt, z. B. **8.12.124.255**$_{256}$. Diese IP-Adresse kann man mit dem Horner-Schema in eine ganze Dezimalzahl umwandeln: $(((8 \cdot 256 + 12) \cdot 256 + 124) \cdot 256 + 255) \cdot 256^0 = 135036159$. Diese Zahl (Hausnummer) verwendet nur der Computer, der sie selbst umwandelt. Für den lesenden Menschen ist diese Zahl uninteressant, weil er lieber die übersichtlichere 256er-Darstellung benutzt. Hier wird der Index 256 weggelassen, da IP-Adressen definitionsgemäß die Zahlenbasis 256 haben.

Jede Ziffer des 256er-Systems kann man auch als 8-Bit-Binärzahl oder als 2-stellige Hexazahl darstellen. Damit erhält man aus obigem Beispiel die 32-Bit-Zahl:

00001000 00001100 01111100 11111111_2 = 08 0C 7C FF_{16} = 1003076377_8 = 135036159_{10}

IP-Adressen mit 4 Ziffern des 256er-Systems decken mit ihren 4 Bytes $(2^8)^4 = 2^{32}$ = 4294967296 Internetadressen ab.

Diese Anzahl von mehr als 4 Milliarden Adressen reicht nicht mehr aus, sodass man im Internet den IP-Adressraum auf 16 Bytes = 16 Ziffern des 256er-Systems ausgeweitet hat.

Damit sind

256^{16} = 2^{128} = 340 282366 920938 463463 374607 431768 211456
$\approx 3{,}4 \cdot 10^{38}$ (340 Sextillionen) IP-Adressen möglich.

Näheres steht in den deutschen Wikipedia-Artikeln *IP-Adresse*, *IPv4* und *IPv6*.

12. Negative Zahlen

12.1. Negative Dualzahlen

Dualzahlen können wie jede andere in Stellenschreibweise dargestellte Zahl, **rein mathematisch**, durch Vorsetzen eines negativen Vorzeichens (Minuszeichen) als negative Zahlen dargestellt werden.

Beispiel:

Aus $1111111_2 = 127_{10}$ wird durch Vorsetzen eines Minuszeichens $-1111111_2 = -127_{10}$

Aber Vorsicht, das gilt nur rein mathematisch! Im Computer werden negative Zahlen anders dargestellt, siehe dazu unter 12.2 auf Seite 19.

12.2. Negative Binärzahlen

Im Computer gibt es keine Vorzeichen. Das Rechenwerk in der Zentraleinheit des Computers kennt nur logische Zustände der einzelnen Bits.

Wenn es sich um eine negative Zahl in Binärdarstellung handelt, wird das linke Bit einer Zahl **gesetzt** (Bitwert = 1). Der Zahlenwert einer negativen Zahl wird im Computer nicht in der bisher beschriebenen Stellenschreibweise der Dualzahlen, sondern als Zweier-Komplement dargestellt.

Ersetzt man das Vorzeichen der 7-stelligen Dualzahl -1111111_2 durch den Bitwert 1, so ergibt sich das achtstellige Bitmuster 11111111. Dieses Bitmuster stellt jedoch nicht die Zahl -127 dar, auch nicht die Zahl +255, die sich aus der Berechnung als einer achtstelligen Dualzahl ergeben würde. Sie stellt die Zahl (-1) im Zweier-Komplement des achtstelligen Bitmusterbereichs (8-Bit-Maschine) dar.

Aus Platzgründen wird hier nicht näher auf die Zweier-Komplement-Methode eingegangen. Sie ist Thema im Informatikunterricht.

13. Halblogarithmische Zahlendarstellung

Die halblogarithmische Darstellung reeller Dezimalzahlen im Computer mit Vorzeichen, Mantisse und Exponent (**±0,dddddddddddddddddE±ddd**, wobei **d** eine Dezimalziffer ist) wird hier nicht näher behandelt, weil sie ein Sonderfall der hier behandelten Zahlensysteme ist. Sie ist Thema im Informatikunterricht der Schulen.

14. Sachregister